Bibliografische Information der Deutschen Nationalbibliothek:

Die Deutsche Bibliothek verzeichnet diese Publikation in der Deutschen National-
bibliografie; detaillierte bibliografische Daten sind im Internet über http://dnb.d-
nb.de/ abrufbar.

Impressum:

Copyright © 2010 GRIN Verlag, Open Publishing GmbH
Druck und Bindung: Books on Demand GmbH, Norderstedt Germany
ISBN: 9783640654888

Dieses Buch bei GRIN:

http://www.grin.com/de/e-book/153368/muttrah-ein-typisches-beispiel-der-orienta-
lischen-stadt

Fabian Seyffarth

Muttrah, ein typisches Beispiel der „orientalischen Stadt"?

GRIN Verlag

RWTH Aachen
Geographisches Institut

Muttrah, ein typisches Beispiel der „orientalischen Stadt" ?

Regionalseminar „Oman – Oil and beyoned"

Semester: Sommersemester 2010

Inhalt

1   Einleitung

Der Idealtypus der orientalischen oder auch islamischen oder orientalisch-islamischen Stadt beschreibt eine Stadtstruktur, wie sie in Städten orientalischer Länder oft zu beobachten ist bzw. war. Demnach gibt es zwei Typen der orientalischen Stadt, die historische orientalische Stadt und die moderne orientalische Stadt.

Ziel dieser Arbeit ist es, diese idealtypischen Stadtmodelle vorzustellen um anschließend überprüfen zu können, welche Kriterien der Stadtmodelle die Stadt Muttrah, heute ein Stadtteil der Großstadtregion Muscat, in ihrer Geschichte erfüllte bzw. heute erfüllt.

Zu Beginn der Arbeit werden die theoretischen Modelle vorgestellt. Um anschließend die Entwicklung vom Muttrah besser nachvollziehen zu können wird, im praktisch orientierten Teil dieser Arbeit zunächst die Geschichte des Omans und speziell der Region Muscat kurz skizziert. Anschließend wird die Entwicklung von Muttrah ausführlich behandelt um letztlich die Frage beantworten zu können, welche der Kriterien der theoretischen Stadttypen in Muttrah erfüllt wurden bzw. werden.

2   Die Idealtypen der orientalischen Stadt

Wie bereits kurz erwähnt, werden an dieser Stelle zwei Typen der orientalischen Stadt vorgestellt. Zum ersten wird der Idealtypus der orientalischen Stadt nach einer kulturhistorischen   und   kulturraumspezifischen   Typisierung   vorgestellt. Kulturhistorische Stadttypen spiegeln in Faktoren wie ihrem typischen Stadtbild, ihrer charakteristischen Sozialstruktur und ihrer Anlage die historischen Gegebenheiten wieder, in der sie entstanden. Kulturraumspezifika in dieser Stadtentwicklung gehen auf die Einflüsse des Kulturraums auf die o.g. Faktoren zur Zeit der Entstehung der Stadt zurück (vgl. Fassmann 2004: 60ff.). Zum zweiten wird ein Stadtstrukturmodell vorgestellt, in dem die Stadtstruktur zwar auf historischen Gegebenheiten fußt, jedoch ein Ergebnis der Weiterentwicklung, Umorientierung und „Verwestlichung" der kulturhistorischen orientalischen Stadt darstellt (vgl. Hofmeister 2005: 100ff.). Man könnte dieses zweite Stadtmodell als ein kulturraumspezifisches Stadtstrukturmodell eines sich verändernden Kulturraumes bezeichnen.

2.1   Der Idealtypus der kulturhistorischen und kulturraumspezifischen orientalischen Stadt

Wie bereits angedeutet, ist dieses Modell der orientalischen Stadt geprägt von der Zeit der Stadtentstehung und dem Kulturraum, in dem die Stadt entstand. Heute wird es oft an den Altstädten orientalischer Städte ausgemacht (vgl. Heineberg 2001: 269). Die Stadtgeschichte des Orients ist mindesten 5.000 Jahre alt, die Struktur, der heute so genannten orientalischen Stadt, ist maßgeblich geprägt durch den islamischen Kulturkreis, welche im Orient vorherrscht(e). Eine zentrale Rolle in der orientalischen Stadt kommt demnach der großen Moschee und den vielen kleinen Moscheen zu. Im Idealtypus ist die Große Moschee das Zentrum der Stadt. Um sie herum erstreckt sich der Suq, auf den an spätere Stelle noch gesondert eingegangen wird. Kreisförmig um den Suq herum erstrecken sich die Wohnquartiere mit jeweils weiteren Moscheen. Auch auf die Bedeutung und die ganz spezielle Struktur der Wohnquartiere wird an späterer Stelle genauer eingegangen. Die Wohnquartiere werden von einer Stadtmauer eingefasst, die mit einer Burg und Wehranlagen sowie Toren versehen ist. Außerhalb der Stadtmauer befinden sich die nach Religion getrennten Friedhöfe, noch etwas weiter außerhalb befindet sich der Viehmarkt (vgl. Abb1).

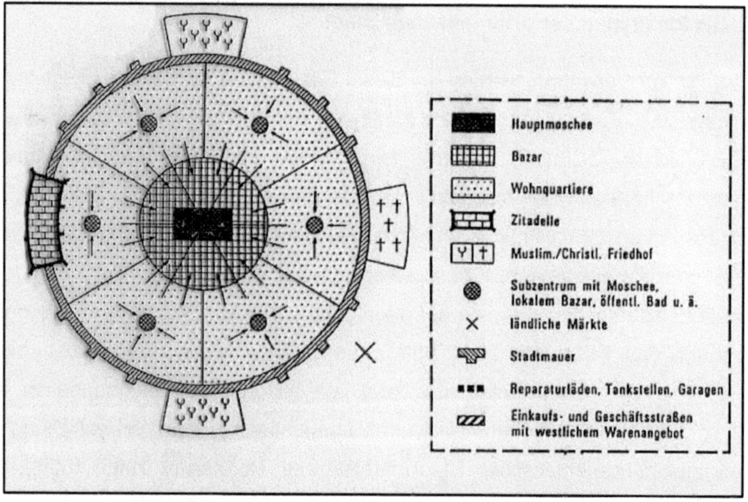

Abbildung 1 - Stadtstrukturmodell der historischen orientalischen Stadt. Quelle: Kopp (Hrsg.) 2002.

Da die Anordnung der funktionalen Elemente der Stadt nun bekannt ist, können ihre Bedeutung und Charakteristika erläutert werden. Der historische Suq stellt den wirtschaftlichen Mittelpunkt der historischen orientalischen Stadt dar. Im Suq werden Waren aller Branchen angeboten. Das Spektrum reicht von Schmuck über Lebensmittel und Güter des täglichen Bedarfs, bis hin zu Stoffen und Handwerkserzeugnissen (vgl. Heineberg 2001: 269). Eine Besonderheit stellt die innere Struktur des Suqs dar, in der eine Branchensortierung vorliegt:

> *„Ein wesentliches Merkmal [...] ist die Branchensortierung entsprechend der Wertschätzung der verschiedenen Waren. In den zentralen Gassen nahe dem Haupteingang der Großen Mosche werden Weihrauch, Kerzen, Parfüm [...] Goldschmuck, Bücher gehandelt, etwas weiter ab Süßwaren, Naturfarben [...] Schuhe, in peripherer Lage finden sich Gewerbe die Lärm verursachen oder wegen offener Flammen Brandgefahr mit sich bringen [...]."* (Hofmeister 2005: 99)

Handwerkliche Betriebe und Lagerstätten (falls überhaupt vorhanden) befinden sich also am Rande des Suqs. Eine Wohnfunktion wird dem Suq in der Regel nicht zugesprochen. Er ist, neben der Beherbergungsfunktion für Fernkaufleute, auf den Verkauf und das Produzieren und Lagern von Waren ausgerichtet. Des Weiteren bietet der Suq ein Dienstleistungsangebot, auch für die frühe Art eines Finanzsektors (Wirth 2002: 104ff.). Da es keine vergleichbaren Einrichtungen in anderen Kulturkreisen gab, wird der Suq, mit seinen besonderen Charakteristika, in der Literatur zum Teil als DAS Kriterium einer orientalischen Stadt angesehen. (vgl. Hofmeister 2005: 99 & Wirth 2002: 520).

Die Besonderheit der Wohnquartiere der orientalischen Stadt liegt zum einen in ihrer ethnischen und religiösen Segregation und zum anderen in ihrer, in Sackgassen angelegten, Straßenstruktur. Die Wohnquartiere sind von einander abgeschottet und haben jeweils eigenen Subzentren mit u.a. Suq und Moschee, die auf die speziellen Ansprüche der bewohnenden Ethnien, Sprachgemeinschaften, Nationalitäten oder Religionsgemeinschaften zugeschnitten sind (vgl. Heineberg 2001: 270). Die angesprochene Sackgassenstruktur kann gleicher Maßen als Ursache und Wirkung dieser Segregation angesehen werden. Wenngleich die orientalische Stadt von großen Hauptverkehrsachsen durchzogen ist, so wirkt die Sackgassenstruktur zunächst wie ein sprichwörtlicher Wildwuchs. Jedoch ist die Intention hinter dieser, doch zum Teil geplanten Struktur, ein wichtiges Merkmal des damaligen Lebens in der orientalischen Stadt. Die Sackgassenstruktur, wie auch in Abbildung 2 dargestellt, trägt zur angestrebten Abgeschiedenheit und Privatheit der großen Familien bei. Dabei wird die Segregation von dem Bestreben der (groß)familiären Nähe zueinander, bei gleichzeitiger Abschottung nach Außen, begünstigt.

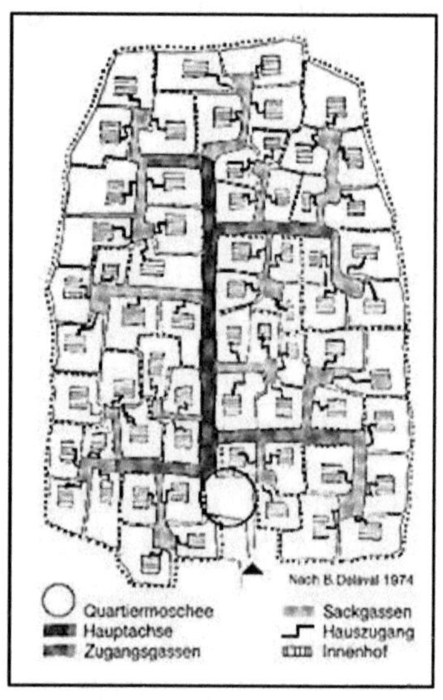

**Abbildung 2 - Modellskizze eines Wohnviertels mit Sackgassenstruktur.
Quelle: Wirth 2002: 341.**

Über Generationen hinaus haben so Söhne in unmittelbarer Nähe zum Haus des Vaters ihr eigenes Haus errichtet, so dass sogar einzelne Quartiere nach Sippen entstehen konnten (vgl. Wirth 2002: 338ff.). Entscheidend für die Entstehung der Sackgassenstruktur ist die besondere Rechtsform der Sackgasse in der orientalischen Stadt. Sackgassen galten als Eigentum der Anlieger und waren für „Nichtanlieger" nicht zu betreten (vgl. Hofmeister 2005: 98). Hieraus ergibt sich, dass die Sackgassenstruktur zwar gewachsen und nicht von einer Planungsautorität vorgegeben ist, jedoch durch die Gesetzgebung intendiert war. Da dies an späterer Stelle noch von Wichtigkeit sein wird, sei hier schon einmal darauf hingewiesen, dass durch diese spezielle Struktur der Wohnviertel eine sozial-horizontale Gliederung der Bevölkerung vorhanden war. Dies bedeutet, dass in den einzelnen Wohnvierteln

Bewohner der unterschiedlichsten sozialen Schichten angesiedelt waren (vgl. Scholz (Hrsg.) 1999: 169f.).

Die orientalische Stadt lässt sich also nicht nur an städtebaulichen Kriterien und der funktionalen Gliederung festmachen, sondern weist auch eine, ihr eigene, soziale Struktur der sozial-horizontalen Gliederung auf.

2.2   Die orientalische Stadt unter westlich-modernem Einfluss

Der im vorangegangen Kapitel vorgestellte Idealtypus der orientalischen Stadt entstand bereits seit dem 19. Jahrhundert unter, zum Teil erheblichen, westlichen Einflüssen. Diese Einflüsse gehen zum Teil auf die Kolonialmächte zurück, sind aber auch in Ländern zu beobachten (gewesen), welche nicht unter kolonialem Einfluss standen, sich aber denn noch der modernen Weltwirtschaft öffneten (vgl. Klett.de (Hrsg.) 2010). Warum das Modell, welches diese moderne oder „verwestlichte" orientalische Stadt idealtypisch beschreibt, auch „Modell der zweipoligen Stadt" genannt wird, soll im Folgenden erklärt werden. Unter dem Einfluss bzw. nach dem Vorbild der westlichen Länder entstanden auch in orientalischen Städten CBDs. Diese CBDs traten jedoch nicht an die Stelle des traditionellen Suqs und der großen Moscheen (welche zusammen das Zentrum der historischen orientalischen Stadt bildeten), sondern bestehen ergänzend nebeneinander. Die so entstehende überformte Stadt zeichnet sich also dadurch aus, dass die Altstadt um das traditionelle Zentrum (Suq und Große Moschee) in einer räumlichen Nähe zu einer Neustadt um das CBD besteht. (vgl. Klett.de (Hrsg.) 2010 & Heineberg 2001: 271f.) Der CBD und der traditionelle Suq stehen sich in der zweipoligen orientalischen Stadt nicht in Konkurrenz gegenüber, sondern ergänzen sich und „lernen" voneinander. Auch weisen sie ein unterschiedliches Publikum auf. Die modernen Geschäfte des CBD-Bereiches werden von den reichen, westlich orientierten Kunden frequentiert, während die Suqs von den restlichen Bevölkerungsgruppen traditioneller Orientierung frequentiert werden (vgl. Wirth 2002: 151ff.). Der Suq verändert seine Struktur so, dass die dortige ehemalige Branchensortierung mit und mit verschwimmt. Dienstleistungen und Handwerk finden in den moderneren Suqs keinen Platz mehr. Die Produktpalette wird ebenfalls moderner, Industrieprodukte ersetzen Handwerksprodukte und die ehemals sehr einfache Ladenausstattung wird moderner, westlicher (vgl. Hofmeister 2005: 100). Der CBD-Kern selber, sowie die zur räumlichen Verknüpfung zählenden höherwertigen Geschäftsstraßen zwischen dem CDB-Kern und der Medina, sind auf eher ältere Entwicklungen in der zweipoligen Stadt zurückzuführen. Später fügten sich an den CBD-Randbereich die neusten und modernsten Geschäfte und Wohnbebauungen an. Mit der Überformung geht auch eine starke flächenhafte Ausweitung der Stadt einher. Die Notwendigkeit hierfür ergibt sich aus den hohen Geburtenraten in orientalischen Ländern und dem anhaltenden Land-Stadt-Wachstum (vgl. Heineberg 2001: 270 & Blotevogel (Hrsg.) 2001). Die moderne Wohnstruktur der zweipoligen Stadt hat sich im Vergleich zur historischen Wohnstruktur in der orientalischen Stadt in bedeutender Weise verändert. Die ehemals durch eine lockere Bebauung und eine sozial-horizontale Gliederung beschriebene Struktur der Medina ist nun als „Unterschicht-Wohngebiet" mit hoher Verdichtung beschrieben. An die Medina schließt sich ein noch weiter abgewerteter Randbereich, sogar zum Teil bestehend aus „Slumzonen", an. Zwischen dem CBD und der Medina befinden sich „durchmischte" Wohnsiedlungen in moderner mehrstöckiger Bebauung für eine breite Bevölkerungsschicht. Die Ober- und Mittelschicht findet im Modell der zweipoligen Stadt ihren Wohnraum in zum Teil landschaftlich ansprechenden Randbereichen des CBDs. Villenvororte für die Oberschicht grenzen sich in diesem Randbereich weiter von der Mittelschicht ab. Eine Durchmischung dieser Schichten ist kaum vorhanden (vgl. Klett.de (Hrsg.) 2010 & Heineberg 2001: 271ff.). Abbildung 3 zeigt die räumliche Anordnung der funktionalen Elemente der zweipoligen Stadt. Die bisher noch nicht angesprochenen Gebiete industrieller Nutzung sind auf Grund der späten Industrialisierung in orientalischen Städten von dicht bebauten Wohnbereichen getrennt und liegen meist entlang der Ausfallstraßen. Es ist festzuhalten, dass neben räumlichen und funktionalen Änderungen die zweipolige Stadt auch eine völlig andere, nämlich eine sozial-vertikale Gliederung der Sozialstruktur aufweist. Dies bedeutet, dass eine Segregation nach sozialen Schichten und Einkommen an die Stelle der Segregation nach Ethnie, Herkunft, Sippe oder Religion, wie in der historischen orientalischen Stadt, getreten ist.

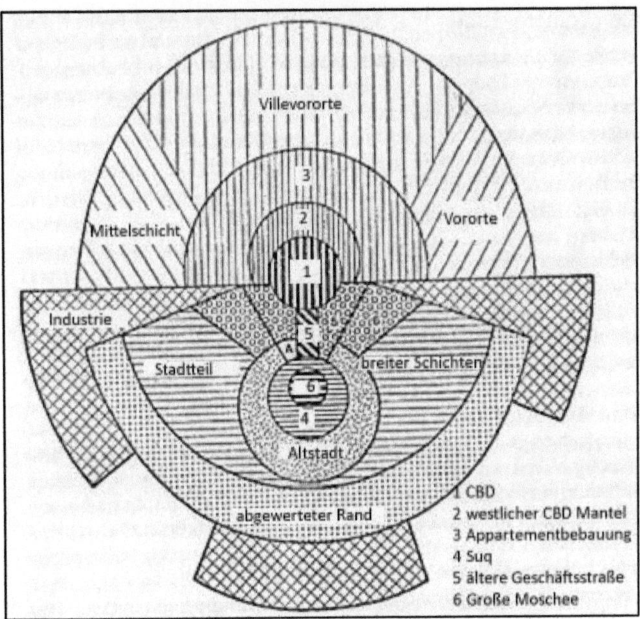

**Abbildung 3 - Stadtstrukturmodell der zweipoligen orientalischen Stadt unter westlichem Einfluss.
Quelle: verändert nach Hofmeister 1997: 219.**

3 Skizze der omanischen Geschichte mit besonderem Augenmerk auf die Region um die Stadt Muscat

Vorab sei gesagt, dass die hier beschriebene Historie des Omans und der Region um die Stadt Muscat in der Tat nur eine Skizze darstellt. Die Ausführungen haben keinen Anspruch auf Vollständigkeit, vielmehr sollen sie helfen, die später folgenden Ausführungen über Muttrah besser nachvollziehen zu können. Ausreichendes Wissen über die Lage des Omans und der heutigen Hauptstadt Muscat werden als gegeben angesehen.

Wenn auch die Geschichte des Menschen im Oman bis in die Steinzeit zurückgeht und der Oman bereits, wie auch schon erwähnt, seit dem 3. Jhd. v.Chr. besiedelt ist, so sollen sich die folgenden Ausführungen auf die rund letzen 400 Jahre beschränken. Basierend auf Geschehnissen vergangener Zeiten herrschte im 16. Jhd. eine Zweiteilung im Oman vor. Das Hinterland um die Oase bzw. das Imanat

Nizwa wurde geprägt von den Imamen als geistlich-weltliche Führer. Ihm stand das weltlichen Sultanat Muscat gegenüber (vgl. Scholz 2004: 70). Der Oman verfügte, über das Sultanat Muscat, bereits im 16. Jhd. über maritime Außenhandelsbeziehungen, die im 17. Jhd. weiter ausgebaut wurden. Omanische „Niederlassungen" fanden sich im Roten Meer, in Ostafrika, in Südindien, in Indonesien und sogar in China. Eine besondere Rolle kommt hierbei der „Niederlassung" Sansibar zu. Besonders profitierend vom Sklavenhandel verlegte der Sultan von Muscat 1832 seine Residenz nach Sansibar. Wenig später teilte sich der Oman weiter in das Sultanat Muscat und das Sultanat Sansibar. Da der Oman, in Form des Sultanats Muscat, völlig von dem, von Imamen kontrollierten, Hinterland abgeschottet war, war eine Binnenorientierung der wirtschaftlichen Aktivitäten nicht möglich und der maritime Handel war die einzige wirtschaftliche Grundlage. Unter dem zunehmenden Druck der aufstrebenden europäischen Handelsmächte, deren technischen Fortschritt der Oman nichts entgegenzusetzen hatte, verlor das Sultanat Muscat diese wirtschaftliche Basis. Strategische Bündnisse, vor allem mit Großbritannien, führten weiter zu einer wirtschaftlichen und politischen Schwächung des Omans. Der Oman geriet in finanzielle Abhängigkeiten von Großbritannien, konnte jedoch mit dessen Hilfe innerpolitische Konflikte mit militärischen Mitteln lösen. 1920 war der Sultan von Muscat zwar offiziell der Herrscher über den gesamten Oman, denn noch waren die Imame weiterhin die geistlich-weltlichen Führer des Hinterlandes. Dem Oman wird für die Zeit der ersten Hälfte des 19. Jhd. eine wirtschaftliche und politische Bedeutungslosigkeit diagnostiziert (vgl. Scholz (Hrsg.) 1999: 148ff. & Scholz 2004: 70ff.). Erst nach erneuter britischer Intervention ging der letzte Imam im Jahr 1952 ins Exil. So sicherten sich die Briten durch ihr Protektorat den Zugang zu den, in den Blickpunkt tretenden, omanischen Ölreserven. Der zu Beginn spärliche Ölexport kam dem Land nicht zu Gute. Der Sultan des Omans ließ sein Land in der Rückständigkeit verkommen. Erst durch den Sturz des Sultans und die Machtübername durch Sultan Quaboos, ebenfalls mit britischer Hilfe, begann der Oman seine Rückständigkeit aufzuholen. Diese geschichtliche Entwicklung ist dafür verantwortlich, dass sich fast alle baulichen und infrastrukturellen Maßnahmen im frühen Oman auf den Küstenstreifen um die Region Muscat beschränkten. Die Pläne von Sultan Quaboos sahen vor, die Region um Muscat – Greater Muscat – zur wirtschftlichen, kulturellen und administrativen Hauptstadt des Omans auszubauen. Zu dieser Region zählt auch die alte Hafenstadt

Muttrah. Den Entwicklungsplan des Sultans in aller Ausführlichkeit zu beschreiben würde an dieser Stelle zu weit führen. Es sei jedoch angemerkt, dass sich beachtliche Entwicklungen im ganzen Land positiv auf die Lebensqualität im Oman auswirkten. Die Hauptstadtregion Muscat ist heute der „Hotspot" der omanischen Entwicklung, mit modernen Geschäften, Bankenviertel und modernem Wohnbau. Die Einwohnerzahl der Region lag im Jahr 1970 noch bei 35.000 – 40.000 und ist bis zum Jahr 2000 schon auf rund 700.000 angewachsen. Neben flächenhaften Expansionen ist es in der gesamten Region zu sozialräumlicher Segregation gekommen. Wohlhabende Familien, welche ehemals in der Altstadt Muscats und Muttrahs lebten, zogen in die landschaftlich reizvollen bergigen Küstenregionen. Eine breite Mittelschicht lebt in älteren Stadtregionen und neuen Siedlungen mit zum Teil modernen Mietwohnungsbau. Die Unterschicht lebt nun in landeinwärts gerichteten, trockenen und staubigen Tälern und Becken. Es hat sich ein soziales Gefälle von der Küste landeinwärts herausgebildet. Die bereits angesprochene sozial-horizontale Gliederung kommt hier bereits im großen Maßstab zum tragen. Das gesamte Stadtbild Muscats wurde überprägt. Einfache   Lehmbauten wurden durch mehrstöckige Bauten aus modernen Baustoffen ersetzt.

Da an dieser Stelle nicht zu tief ins Detail gegangen werden kann und soll, sei festgehalten, das Ansätze der theoretischen Idealtypen der orientalischen, vor allem der zweipoligen Stadt, für die Hauptstadtregion Muscat durchaus zutreffen. Soziale Umschichtungen, Überformungen und eine Zweipoligkeit lassen sich für den Großraum nachweisen (vgl. Scholz 2004: 70ff. & Scholz (Hrsg.) 1999: 148ff.).

Welche Entwicklungen im Detail, bzw. im kleinen Maßstab, stattgefunden haben kann an der Entwicklung der, in der Region Greater Muscat liegenden, alten Hafenstadt Muttrah aufgezeigt werden.

4   Entwicklung der Stadt Muttrah im historischen Kontext

Die Entwicklung der Stadt und des Hafens Muttrah setzte deutlich später ein, als es in Muscat selber der Fall war. Neben dem Fakt, dass die Bucht von Muscat seewärts besser geschützt war, war es vor allem die Abschottung vom Hinterland durch Berge, die den (auch ausländischen) Kaufleuten der frühen Zeit des intensiven maritimen Handels die verlangte Sicherheit in Muscat bot, nicht aber in Muttrah. Mit Rückgang und Ausfall des maritimen Handels, wie im vorherigen Kapitel beschrieben, rückte Muscat in den Hintergrund. Die weitaus kleinere und weniger geschützte Stadt Muttrah mit ihrem, zu diesem Zeitpunkt noch „miserablen" Suqs, machte Muscat Konkurrenz. Handelsleute entdeckten – gezwungener Maßen – den begrenzten Markt des Hinterlandes, also des restlichen Omans (vgl. Scholz 1990: 242ff.). Während Muscat vom Hinterland abgeschnitten war, verfügte Muttrah über eine Straße über einen direkt Zugang zum „Inneroman". Abbildung 4 verdeutlicht die Lage der Städte zueinander und deren unterschiedliche Abschottung zum „Inneroman".

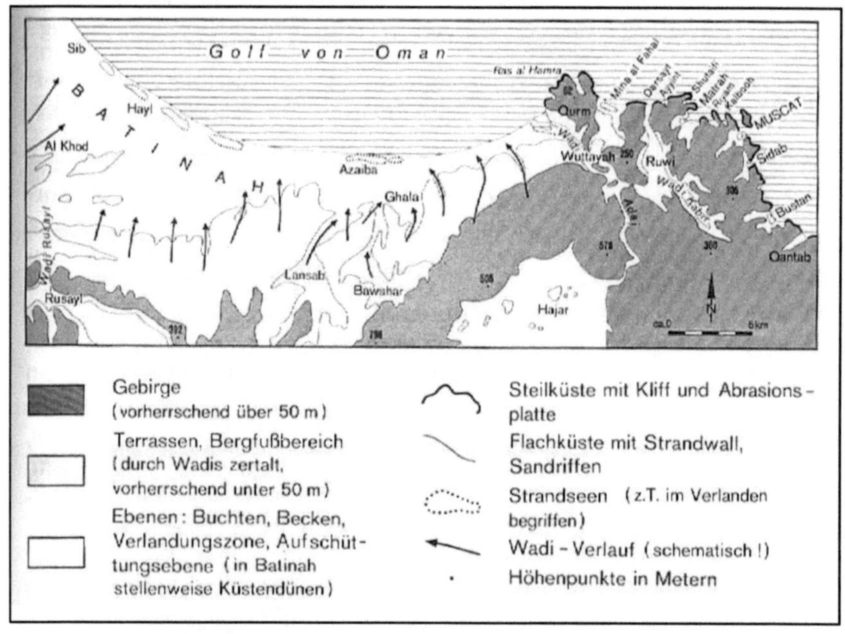

Abbildung 4 - Topographie der Region um Muscat. Quelle: Scholz 1990: 113.

Muttrah, zunächst nur Mittler zwischen „Oman" und Muscat, wuchs mit der Zeit zu einem eigenständigen Handelsplatz binnenorientierter Bedeutung heran. Seit etwa 1920 galt Muttrah als Handelszentrum des Oman und Muscat verlor die wirtschaftliche Bedeutung gänzlich (vgl. Scholz 1990: 244). Der im vorherigen Kapitel beschriebene Niedergang des Omans als Handelsmacht, mit seinen negativen Folgen, wirkte sich in Muttrah wegen der Binnenorientierung etwas weniger stark aus, war aber dennoch spürbar. Bis in die späte Mitte des 19. Jhd. konnte Muttrah leichte Zugänge in der Bevölkerung verbuchen, während die Bevölkerung in Muscat um ca. zwei Drittel zurückging (vgl. Scholz 1990: 245). Der bereits erwähnte Entwicklungsplan von Sultan Quaboos sah für Muttrah den Ausbau eines vorhandenen, kleinen Fischereihafens zu einem internationalen Handelshafen vor. Das gesamte Gebiet um Muttrah sollte zu einem modernen Wohn-, Geschäfts- und Gewerbeviertel ausgebaut werden. Diese 1970 eingeleiteten Veränderungen, sind bis heute im Gang und haben das Stadtbild, samt der sozialen und funktionalen Struktur, stark verändert. Um der Frage nachzugehen, ob Muttrah Kriterien der Idealtypen der islamischen Stadt erfüllt, werden diese Entwicklungen und Veränderungen im Folgenden detailliert beschrieben.

5   Stadtentwicklung und Stadtstruktur von Muttrah im Detail

Da die Entwicklung der Stadt Muttrah, wie aufgezeigt, sehr dynamisch stattgefunden hat, wird die Stadtstruktur für zwei unterschiedliche Phasen getrennt behandelt. Das „alte" Muttrah, wie es bis ca. 1970 bestand, ist Gegenstand der nun folgenden Ausführungen.

Die Innenstadt von Muttrah liegt an einer Bucht, welche von Gebirgen gesäumt ist, eine Mauer mit Türmen und Toren zwischen den Bergen riegelt die Stadt vom Hinterland ab. Außerhalb der Stadtmauer, im Norden, lag ein großes Gräberfeld. Die Bebauung in der Innenstadt bestand unmittelbar bis zur Strandlinie. Sie bestand fast ausschließlich aus einstöckigen Lehmbauten. Die einzige Ausnahme bildet das Viertel „Hellat Soor al Lawatiya", welches ausschließlich von der ethno-religiösen Gruppe der Khojars bewohnt wurde. Neben der anspruchsvollen Architektur, der Mehrgeschossigkeit und der besonders engen Bebauung, separierte es sich zusätzlich durch eine Mauer von den umliegenden Vierteln (vgl. Abb.5).

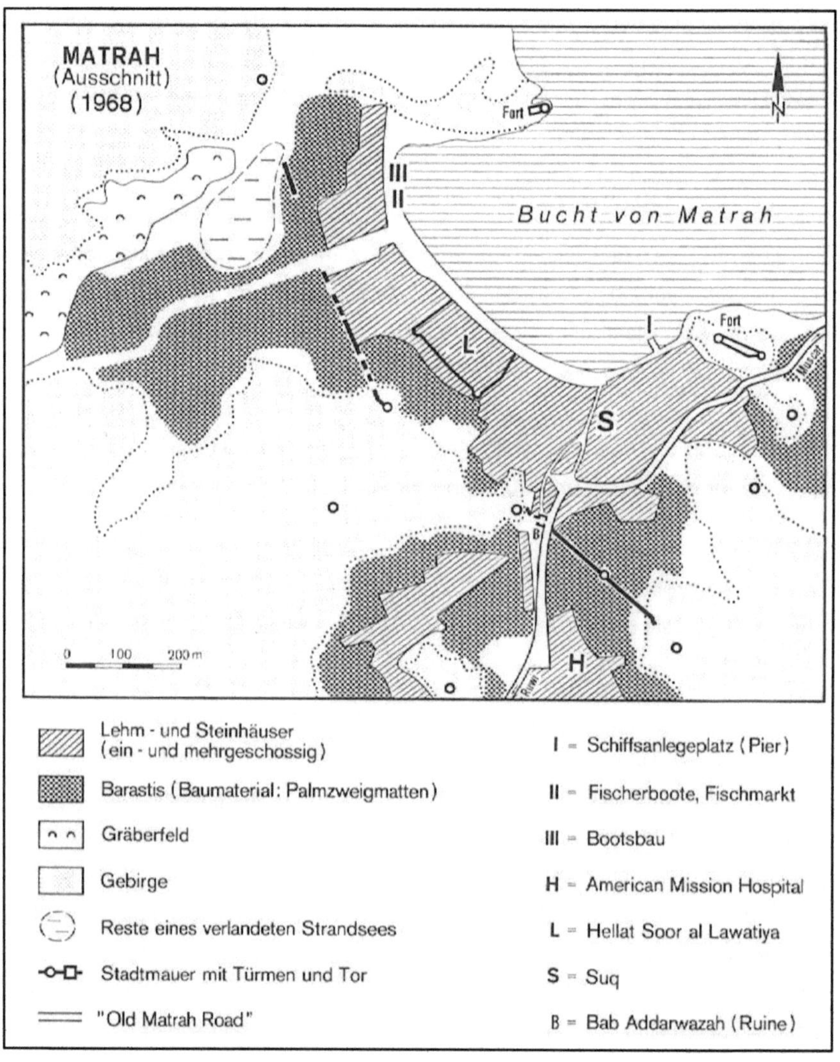

Abbildung 5 - Bausubstanz und Struktur von Muttrah vor 1970. Quelle: Scholz 1990: 247.

Es wird weiterhin als verwinkelt und geprägt von einer Sackgassenstruktur beschrieben (vgl. Scholz 1990: 246ff.) Die vorherrschende Flächennutzung in Muttrah waren ausschließlich Wohnen und Handel. Die Suqs erstreckten sich bis zum östlichen Ende der Bucht. Bei einer flächenhaften Ausdehnung der Suqs befanden sich die sog. „Ladenboxen", also die Verkaufsstellen, nur linear entlang weniger Gassen. Dahinter befanden sich jeweils die Lagerhütten und verteilt die Moscheen (vgl. Abb. 6 & Scholz 1990: 251).

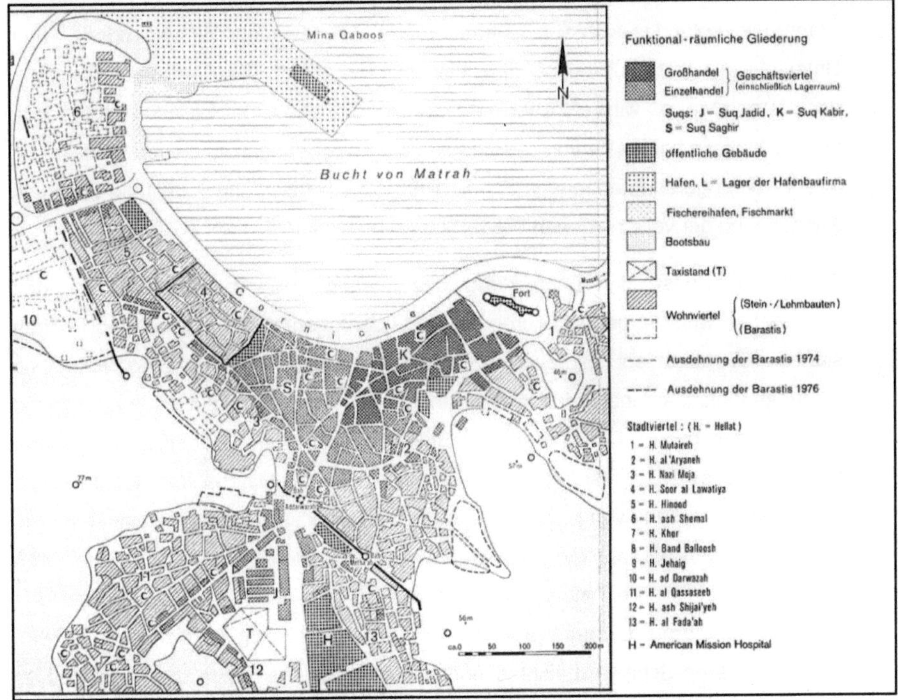

Abbildung 6 - Funktional-räumliche Gliederung von Muttrah. Quelle: Scholz 1990: 251.

Der Suq von Muttrah wies eine, als nicht herkömmlich beschriebene, Struktur auf. Er gliederte sich in einen Großhandelsstandort (Suq Kabir) und einen Einzelhandelsstandort (Suq Saghir), die räumlich von einander getrennt waren (vgl. Abb. 6 & Scholz 1990: 270f.). Da der „Großhandels-Suq" als nicht typisch für die orientalische Stadt angesehen werden kann, wird die Beschreibung seiner Funktion und seiner inneren Struktur in dieser Arbeit, zu Gunsten der Übersichtlichkeit, ausgeblendet. Es soll jedoch festgehalten sein, dass er vorhanden war. Der Suq Saghir lässt sich hingegen in seiner inneren Struktur wie folgt gliedern. Im Suq Saghir liegt eine räumlich-branchenmäßige Differenzierung in sechs größere Hauptgassen vor. (Gemischtwaren-Suq, Stoff-Suq, Textilien-Suq, Fischerei-Suq, Silber-Suq und Lebensmittel-Suq) (vgl. Scholz 1990: 286ff.). Die sich um das Suq-Areal befindenden

Wohnbebauungen wiesen, bis auf das Viertel „Hellat Soor al Lawatiya", keine erkennbaren Wegenetze oder Strukturen auf. Jedoch wurden alle Wohnviertel fast ausschließlich von einer bestimmten Bevölkerungsgruppe bewohnt. In periphereren Standorten befanden sich sog. „Barasti-Viertel", abgewertete Wohnstandorte einer Unterschicht und von Zugezogenen aus dem Hinterland. Die Bevölkerungsstruktur der „Barasti-Viertel" wird als eher heterogen beschrieben. Die Literatur hebt jedoch an dieser Stelle bereits hervor, dass neuerliche Entwicklungen zu diesen Vierteln und ihrer Struktur geführt haben (vgl. Scholz 1990: 251f.). Abbildung 6 zeigt die Lage und Ausdehnung der verschiedenen Viertel.

Die zweite Phase der Entwicklung des „neuen" Muttrah, die im Folgenden beschrieben wird, ist geprägt durch die Veränderungen, die der Oman und Muttrah seit ca. 1970 durchlebt. Es sei darauf hingewiesen, dass diese Veränderungen sich bis heute fortsetzen und in den letzten rund 30 Jahren zum Teil auch zeitlich versetzt stattgefunden haben. Der Wandel der Stadt beginnt mit der Machtübernahme von Sutan Quaboss 1970. Der bereits erwähnte Ausbau des Hafens von Muttrah spielt, neben der Einbettung von Muttrah in einen stadtplanerischen Gesamtkontext, für die gesamte Region Greater Muscat, eine wichtige Rolle. Der sehr alte Hafen von Muttrah war lediglich ein kleiner Naturhafen. Schiffe wurden zum Entladen auf den Strand aufgefahren. Größere Schiffe, bei denen dies nicht möglich war, wurden mittels kleineren Schiffen (Leichter) entladen. Am östlichen Ende der Bucht gab es lediglich einen kleinen, schmalen Pier. Am nördlichen Ende der Bucht befanden sich eine Werft (in Form eine Platzes am Strand, an dem Boote repariert wurden) und ein kleiner Fischereihafen (vgl. Abb. 5). Die vorhandenen Einrichtungen waren offensichtlich nicht ausreichend um am internationalen Seehandel teilzunehmen. Der Bau eines neuen Hafens in Muttrah wurde noch 1968 beschlossen. Der Beginn des Hafenbaus erfolgte 1970 unter Sultan Quaboos. Der neue Hafen – Port Quaboos -, eingehend eher überschaubar geplant, wurde dank Erweiterungsphasen zu einem bedeutenden und modernen Überseehafen und hatte bereits 1981 eine Fläche von fast 190.000 qm. Zu seinen Einrichtungen zählen moderne Container-Verladeeinrichtungen, Verwaltungsgebäude und Silos sowie acht Transitlagerhallen und zehn Anlegeplätze. Dank des modernen Hafens in Muttrah kann der Oman nun wieder am Internationalen Seehandel teilnehmen (vgl. Scholz 1990: 252ff.). Neuste Entwicklungen vor Ort zeigen, dass der Hafen von Muttrah zunehmend für Kreuzfahrtschiffe genutzt wird. Es wurde eigens ein repräsentatives

Kreuzfahrtterminal auf dem Hafenareal errichtet. Es liegt auf der Hand, dass dieses Hafenareal, welches am östlichen Ende der Bucht entstand, direkt und indirekt das Stadtbild und die Struktur der Stadt umfangreich beeinflusst. Abbildung 7 zeigt die Lage, Größe und Entwicklung des Hafens, vor allem im Vergleich zum restlichen Stadtgebiet Muttrahs.

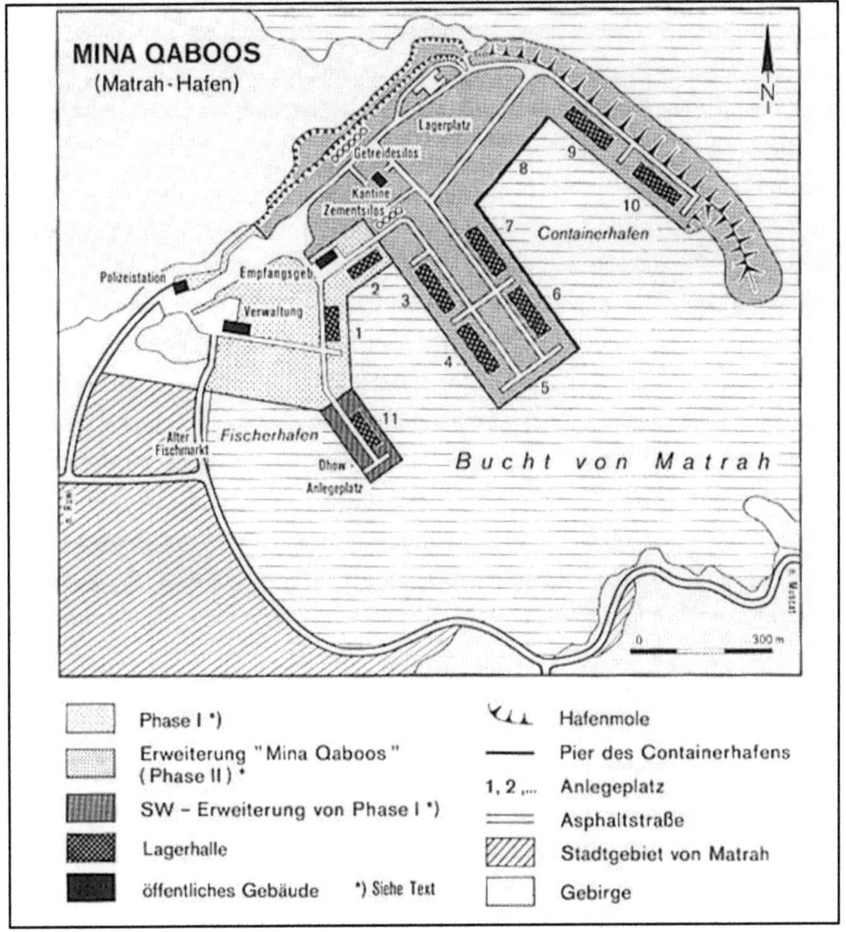

Abbildung 7 - Ausdehnung und Entwicklung Port Quaboos. Quelle: Scholz 1990: 254.

Entlang der Küste wurde eine vierspurige Durchgangstraße (Corniche) gebaut, da dem zunehmenden Verkehr Rechnung getragen werden musste. An die Stelle der früheren, einfachen Bebauung trat, entlang der Corniche, eine anschauliche und geschlossene Fassade mehrstöckiger Geschäftshäuser (vgl. Scholz 1990: 258f.). Diese kann als eine Fassade des dahinter befindlichen Suqs betrachtet werden. Eine weitere Geschäftszeile entwickelte sich entlang der Ausfallstraße in Richtung dem Stadtteil Ruwi, welcher heute als CBD von Muscat angesehen werden kann. Auch diese Straße wurde ausgebaut. Bei der Entwicklung wurden „Barastis-Viertel" und sogar Teile alter Gräberfelder überformt. Der Hafen und die Geschäftsstraßen prägen heute das Stadtbild und die Funktion von Muttrah. Jedoch ist auch die innere sowie die äußere Struktur des Suqs nicht von Veränderungen unberührt geblieben. An dieser Stelle muss noch über die bisher nicht erwähnt hohe Zahl an Gastarbeitern aus Indien und Pakistan berichtet werden, die es dem Oman erst ermöglichten, die dynamische Entwicklung zu bewerkstelligen. Die Region Muscat weisst um 1990 bereits um die 200.000 arabische und asiatische Gastarbeiter auf. Hinzu kamen zahlreiche westliche Experten und Zuwanderer aus dem Hinterland. All diese Menschen und die Omanis sind Kunden in den Suqs, auch im Suq von Muttrah. Für den Suq von Muttrah bedeutete dieser erweiterte Kundenkreis im Zusammenhang mit einer Erhöhung der Kaufkraft eine völlig neue Entwicklung. Wenn auch die Kaufkraft stieg, so blieben die besonders kaufkräftigen Kunden dem Suq von Muttrah fern, da sie in neue Wohnviertel der Hauptstadtregion abgewandert waren, doch hierzu später mehr. Auch die vergleichsweise schlechte Verkehrsanbindung dieses traditionellen Nahversorgungsstandortes ließ besser ausgestattet Bevölkerungsgruppen dem Suq fern bleiben. Anpassungsmechanismen führten dazu, dass sich das Warenangebot in allen Branchen nach Menge, Sortiment, Fabrikaten und Qualität erweiterte und vor allem den Ansprüchen der Gastarbeiter entsprach, welche in Muttrah vermehr wohnten. Innerhalb der einzelnen Läden wurde das Sortiment ebenfalls breiter und die Läden selber wurden mehr und mehr modernisiert. Heute verfügt die Mehrzahl der Läden über Schaufenster und Klimaanlagen. Die Branchenkonzentration befindet sich in der Auflösung und ist bis heut nur noch selten vorzufinden (vgl. Scholz 1990: 297ff.). Jüngste Beobachtungen vor Ort lassen den Schluss nahe liegen, dass neben der Ausrichtung des Suq auf Gastarbeiter nun auch eine Ausrichtung auf touristische Käufer erfolgt. Dies ist auf das erwähnte Kreuzfahrtterminal im Hafen und die restaurierte Fassade des Suqs zurückzuführen (vgl. Scholz (Hrsg.) 1999: 172f.). Nach einer kurzzeitigen Hochphase, in der Teile von Muttrah (besonders mehrstöckige Häuser mit Meerblick und an der Corniche) als besonders gute Wohnquartiere galten, entwickelte sich Muttrah wegen der zunehmenden wirtschaftlichen Aktivitäten und den damit verbundenen negativen Auswirkungen wie Verkehr, Dreck und Unruhe, zu einem weniger beliebten Wohnstandort. Frühere „Barasti-Bewohner", welche oft vom Fischfang lebten, fanden Arbeit im neuen Hafen und blieben vor Ort in neuen, einfachen Quartieren wohnen, welche jedoch zum Teil später gegen Grundstücke und eine Art „Eigenheimzulage" vom Staat eingetauscht wurden (vgl. Scholz 1990: 249). Die bereits häufig erwähnte sozial-horizontale Gliederung muss nun differenziert betrachtet werden. Betrachtet man Muttrah als ein Teil der gesamten Region, so spiegelt die Bevölkerung wohl den Teil einer unteren Mittelschicht einer sozial-horizontalen Gliederung wieder. Einige der Elemente der sozial-horizontalen Gliederung sind jedoch erhalten geblieben. Die Ursache hierfür dürft wohl in der Gesamtsituation zu finden sein. Untere, mittlere Einkommensschichten werden zum Teil von Gastarbeiten repräsentiert, welche im Einzelhandel tätig sind. Diese wohnen vor Ort am Nahversorgungszentrum an ihren, bzw. den ihnen anvertrauten, Geschäften und stammen oft aus einer Sippe oder Ethnie. So bestehen innerhalb Muttrahs beispielsweise Gruppen gleicher Herkunft oder Ethnie, welche jedoch wegen ihrer allgemeinen Stellung in der Gesellschaft und ihren begrenzten Möglichkeiten zur insgesamt vorherrschenden unteren Mittelschicht zählen (vgl. Scholz 1990: 262ff.). Es ist nicht auszuschließen, dass diese ethnischen Gruppen auch in bestimmten Stadtteilen leben. Letztere Ausführungen können, mangels aktueller Literatur dieses Thema betreffend, lediglich als Vermutungen bezeichnet werden.

6 Synopse - Überprüfung der Realität auf die Theorie

Vorab kann festgehalten werden, dass viele der eingangs beschriebenen Kriterien der Idealtypen der orientalischen Städte auch auf Muttrah (und Umgebung) zutreffen. Welche dies sind und welche nicht erfüllt werden wird im Folgenden dargelegt. Diese Überprüfung der Überschneidung von Realität und Theorie wird ebenfalls getrennt behandelt. Zunächst wir der Idealtypus der historischen orientalischen Stadt mit der Realität verglichen. Anschließend wird das Modell der zweipoligen Stadt mit den neuen Entwicklungen in Muttrah verglichen.

Bei der Frage, welche äußerlichen Strukturen der historischen orientalischen Stadt in der Stadtgeschichte Muttrah wieder zu finden sind, kann vorweg gestellt werden, dass allein wegen der Lage Muttrahs an der Küste eine Kreisförmige Ausdehnung, wie im Idealtypus, nicht zu erkennen sein kann. Folgende Strukturmerkmale sind (bzw. waren) jedoch vorhanden:

- Die Altstadt ist in einer, von Gebirgen ergänzten, Stadtmauer eingefasst.
- Die Suqs bilden ein relatives Zentrum der Altstadt.
- Um die Suqs ringen sich die Wohnviertel.
- Innerhalb der Suqs und der Wohnviertel sind unterschiedliche Moscheen vorhanden.
- Das Gräberfeld liegt außerhalb der Stadtmauer.

Gesondert muss das Kriterium der Sackgassenstruktur in den Wohnvierteln behandelt werden. Denn die Literatur sag lediglich aus, dass im beschriebenen Viertel „Hellat Soor al Lawatiya" eine Sackgassenstruktur vorlag. Der Rest der historischen Stadt wurde als „Wegenetz ohne besondere Struktur" beschrieben. Die sozial-vertikale Gliederung, mit der beschriebenen räumlichen Segregation hingegen war im „alten Muttrah" vorhanden und auch die Suqs wiesen die idealtypische branchensortierte Struktur auf. Ergänzend kommt jedoch hinzu, dass in Muttrah eine Trennung nach Groß- und Einzelhandelssuq vorlag und es bereits recht früh „Armensiedlungen" heterogener Herkunftsstruktur außerhalb der Stadtmauern gab.

Bei der nun folgenden Betrachtung des Modells der zweipoligen Stadt muss das „Überprüfungsgebiet" ein wenig erweitert werden. Denn nach diesem Modell kann Muttrah mit seinem Suq als Altstadt des Modells betrachtet werden, welche über die neuere Geschäftsstraße mit dem CBD Ruwi verknüpft ist. Der moderne Hafen von Muttrah kann in dem Modell als die Industrie angesehen werden. Meines Erachtens kommt dem Hafen allerding eine höhere Bedeutung als „nur" Industrie zu. Er ist prägend für das Stadtbild und durch seine Größe hat er eine hohe Wirkung auf Beschäftigung und Wohnqualität. Die soziale Struktur in Muttrah hat sich dahingehend verändert, dass dort eine untere Mittelschicht den Altstadtraum bewohnt. Mit etwas Interpretationsspielraum kann dies mit der Unterschicht, welche nach dem Idealtypus dort angesiedelt ist, gleichgesetzt werden. Die Struktur des Suqs von Muttrah hat sich mehr oder minder idealtypisch verändert. Er ist modernen geworden und hat seine Branchensortierung großen Teils verloren. Durch die zunehmende Kreuzfahrttouristik vor Ort ist er allerdings außergewöhnlich in Form von Angebot und Erscheinungsbild (aufwendige Restauration).

7   Fazit

Nach einer sehr zu differenzierenden Betrachtung der Fakten kann man Muttrah nicht als typisches Beispiel einer orientalischen Stadt betrachten. Jedoch sind viele Elemente, seien sie funktional, strukturell oder sozial, der beiden Idealtypen von orientalischen Städten auch in Muttrah vorzufinden. Nur wenige fehlen. Jedoch gibt (bzw. gab) es in Muttrah (und das Gebiet um Muttrah) Einrichtungen, Strukturen und Entwicklungen, welche über die Modelle hinausgehen und Muttrah so von der idealtypischen orientalischen Stadt abheben.

8   Literatur

Blotevogel (Hrsg.) (2001): Stadtstruktur und Stadtentwicklung im interkulturellen Vergleich II: Orient, Afrika. Abrufbar unter: http://www.uni-due.de/geographie/vvz_duisburg/Stadtgeo_Kapitel13.PDF am 02.05.2010.

Fassmann, H. (2004): Stadtgeographie I. Braunschweig.

Heineberg, H. (2001): Stadtgeographie. Paderborn.

Heineberg, H. (2007): Stadtgeographie. In: Gebhardt, H./Glaser, R./Radtke, U./Reuber, P. (Hrsg.) (2007): Geographie – Physische Geographie und Humangeographie. München: Spektrum Akademischer Verlag, 632-695.

Hofmeister, B. (1997): Stadtgeographie. Braunschweig.

Hofmeister, B. (2005): Die Stadtstruktur. Darmstadt (= Erträge der Forschung Bd. 132).

Klett.de (Hrsg.) (2010): FUNDAMENTE Kursthemen Städtische Räume im Wandel. Abrufbar unter: http://www.klett.de/sixcms/media.php/229/29260X-8502.pdf am 02.05.2010.

Kopp, H. (Hrsg.) (2002): Orient-Seminar: Die orientalische Stadt im Wandel. Abrufbar unter: http://gw.eduhi.at/programm/lumetzbe/orient/6/index.html am 02.05.2010.

Scholz, F. (1990): Muscat Sultanat Oman (Textband). Berlin

Scholz, F. (2004): Muscat. Hauptstadt des Sultanats Oman. In: Meyer, G. (Hrsg.) (2004): Die Arabische Welt im Spiegel der Kulturgeographie. Mainz: Zentrum für Forschung zur Arabischen Welt, 48-54.

Scholz, F. (Hrsg.) (1999): Die kleinen Golfstaaten. Gotha.

Wirth, E. (2004): Privatheit und Abgeschirmtheit als prägende Elemente der Wohnviertel. In: Meyer, G. (Hrsg.) (2004): Die Arabische Welt im Spiegel der Kulturgeographie. Mainz: Zentrum für Forschung zur Arabischen Welt, 48-54.

Wirth, H. (2002): Die orientalische Stadt im islamischen Vorderasien und Nordafrika. Mainz.